CONTCHAMP
MAERSK
CAUTION
HIGH
TRAILER
SCANIA
ASIA
124G
400
ZIM
Matson

Verlag Podszun-Motorbücher GmbH
Elisabethstraße 23-25, D-59929 Brilon
Internet: www.podszun-verlag.de
Email: info@verlag-podszun.de

Herstellung Druckhaus Cramer, Greven

ISBN 978-3-86133-659-4

Jahrbuch 2013 Schwertransporte & Autokrane

PODSZUN

Liebe Leserin, lieber Leser!

Dies ist die neunte Ausgabe des Jahrbuchs Schwertransporte und Autokrane. Wir freuen uns, Ihnen wieder interessante Themen rund um Ihr Hobby anbieten zu können. Dank gilt an dieser Stelle allen Autoren und Bildgebern, die in den letzten Wochen und Monaten mit Engagement und einer Menge Zeitaufwand gearbeitet haben, damit dieses Jahrbuch rechtzeitig zur Frankfurter Buchmesse erscheinen kann. Übrigens: Abbildungen, die nicht namentlich gekennzeichnet sind, wurden jeweils von den Verfassern der Artikel zur Verfügung gestellt.

Dank gilt auch Ihnen, liebe Leserin, lieber Leser, für die Zuschriften oder Telefonate, in denen Sie Kritik äußerten und Anregungen lieferten. Wir freuen uns auf den Kontakt mit Ihnen und sind gerne bereit, Ihre Wünsche zu berücksichtigen.

Viel Vergnügen mit dem Jahrbuch und nicht vergessen: das nächste Jahrbuch Schwertransporte & Autokrane, die Ausgabe 2014, ist ab Oktober 2013 erhältlich.

Ihr Redaktionsteam „Jahrbuch Schwertransporte und Autokrane“

P.S.

Sie können das Jahrbuch in Buchhandlungen oder direkt beim Verlag abonnieren.
Von den Ausgaben 2005, 2006, 2007, 2008, 2009, 2010, 2011 und 2012 sind noch einige Restexemplare lieferbar. Fordern Sie kostenlos und völlig unverbindlich unser Gesamtverzeichnis an:

Verlag Podszun-Motorbücher GmbH
Elisabethstraße 23-25, D-59929 Brilon, Telefon 02961/53213, Fax 02961/9639900
Email: info@verlag-podszun.de, Internet: www.podszun-verlag.de

Michael Müller

Spiegl Transporte

Familienbetrieb seit 1960

In Pettnau in Österreich, einem kleinen Ort im Inntal zwischen Innsbruck und Landeck, ist die Firma Spiegl Transporte ansässig, ein Familienunternehmen, das im Jahr 1960 von dem Ehepaar Toni und Marianne Spiegl gegründet wurde. Zunächst firmierte der Betrieb noch als Firma Toni Spiegel.

Damals hatte Toni Spiegl erkannt, dass im Transportbereich eine Lücke zu schließen war. Die geografischen Gegebenheiten in Österreich verlangten nach besonders wendigen Transportmöglichkeiten, da zahlreiche Baustellen an Berghängen und anderen schwer zugänglichen Orten erreicht werden mussten. Betontransporte und Hubarbeiten an diesen engen und mitunter gefährlichen Baustellen bedurften außergewöhnlicher Fahrzeuge. Also spezialisierte sich der Firmeninhaber auf Kranarbeiten, Schwer- und Großraumtransporte, Abschlepp-, Berge- und Rückholdienste. Entsprechend vielfältig war der Fuhrpark.

Vater und Sohn begutachten den Henschel Kipper mit ungewöhnlicher Lackierung

Vor dem ursprünglichen Firmensitz in Pettnau steht aufgereiht die Fahrzeugflotte. Orangefarben lackiert, beschriftet mit „Lieferbeton", gehörten auch Magirus-Betonmischer zum Fuhrpark

Die in den auffälligen Farben blau, rot und weiß lackierten und stets bestens gepflegten Fahrzeuge waren in den unterschiedlichsten Einsatzorten schnell bekannt und die Firma wurde gerne mit den schwierigen Arbeiten im Unwegsamen betraut. So wuchs die Fahrzeugflotte beständig. Inzwischen sind 20 Fahrzeuge im Einsatz, 14 davon sind Kranfahrzeuge mit Krangrößen zwischen zwölf und 195 mt. Für überdimensionierte Schwertransporte verfügt Spiegl über eigene Spezialfahrzeuge. Die sind mit Tiefbett, Kesselbrücke oder Baggerbett kombinierbar und wahlweise mit fünf bis zehn Achsen.

Zum normalen Tagesgeschäft gehören Kippereinsätze, Transporte jeglicher Art und das Umsetzen von Anlagenteilen in Kieswerken. Besonders interessante Aufgabenfelder stellen sich der Firma im Bereich der Skigebiete. Während der Sommermonate werden Baumaschinen, Anlagenteile, Baustoffe jeglicher Art, Masten und Tragseile über unbefestigte Straßen ins Hochgebirge transportiert. Ein durchaus gefährliches Unterfangen, das nur von versierten Spezialisten zu bewerkstelligen ist. Einer der schwierigsten Einsätze dieser Art war der Transport des Tragseiles der Luftseilbahn von Kitzbühel, die verschiedene Gipfel miteinander verbindet. Wegen der ungünstigen Wetterbedingungen konnte der Transport erst nach mehrmaligen vergeblichen Anläufen ausgeführt werden. Die Straßen beziehungsweise Schotterpisten waren nur bei trockenen Bodenverhältnissen befahrbar, schließlich musste man bis zum höchsten Gipfel gelangen. Bei diesem Einsatz waren die Fahrzeuge und die Mannschaft außergewöhnlich gefordert.

Im Jahr 1996 übernahmen die beiden Söhne Fredi und Otmar Spiegl die Firma und nennen sich seither Spiegl Transporte. Und weil der Fuhrpark immer größer wurde, erwarb man direkt an der Autobahn ein neues Firmengelände, wo ein moderner und ausreichend großer Betrieb entstand. So findet man genügend Platz, die seit dem Jahr 2000 zum Fahrzeugpark gehörenden drei Mobil-Baukrane von Liebherr unterzubringen. Diese mobilen Schnelleinsatzkrane sind die Typen MK 80 bis MK 110, die in diesem anspruchsvollen Gelände äußerst funktionell und unverzichtbar sind.

Fotos: Spiegl, Thum, Hoffmann, Galkowsky, Müller

Der Volvo F beim Liefern von schweren Eisen- und Metallteilen auf freier Strecke

Ein mit Kran und Peilstangen ausgerüsteter MAN F 8 32 320

Mit offener Pritsche und Ladekran zeigt sich dieser aufwändig restaurierte Magirus

Das neue Firmengelände in Autobahnnähe bietet genügend Platz

Transport einer Pistenraupe, die mit einer MAN ÖAF Zugmaschine an ihren Einsatzort im Hochgebirge gebracht wird

Mit einem Krans wird eine Glocke in ihr Läutegestell eingehoben

Die nachfolgenden sieben Fotos zeigen den Transport eines Förderseils mit MAN ÖAF 6x6 Zugmaschine als Schubmaschine im Kitzbühler Skigebiet

MAN ÖAF 8x8, die erste Zugmaschine

Übergang von der asphaltierten Straße in eine Schotterpiste

120 Tonnen – immerzu auf dem Weg nach oben, auf schwierigsten Wegen

Der ÖAF 27 422 bei einer kurzen Rast

Enorme Belastungen in Extremsituationen müssen gemeistert werden. Man beachte die Neigung des Schwanenhalses

Selbst diese extreme Kurve wurde mit dem angehängten Auflieger, beladen mit einer Seilrolle, problemlos genommen

Im winterlichen Alpineinsatz beim Transport von Kühlgeräten für eine Pistenbeschneiungsanlage

Der Kran zwischen Führerhaus und Pritsche beim Entladen und Überheben des riesigen Bauteils

Transport eines Bahnwaggons einmal anders

MAN ÖAF 41 600 als Zugmaschine für einen Komatsu-Bagger

Transport einer Liebherr-Rohrleger-Raupe

Größtes Fingerspitzengefühl muss der Fahrzeugführer entwickeln, wenn er einen engen Tunnel auf einer Pass-Straße passiert

Der Transport riesiger Felsbrocken gehört für Spiegl zum täglichen Geschäft. Da fällt einem spontan der Name Obelix ein

Das Straßenschild sagt alles: 13 %

Hütten laden im Hochgebirge zum Verweilen ein. Spiegl sorgt dafür, dass die an Ort und Stelle sind

Selbst in engsten Baustellen kann mit diesen Kranwagen effektiv gearbeitet werden

Doppelspiel! Zwei Krane sind gleichzeitig im Einsatz bei Aufstellarbeiten von Containern

Dreiachsige TGA Zugmaschine mit Efferkran vor dem Firmengebäude

Zum Fuhrpark gehört auch dieser Scania 470 mit Kippmulde und Palfinger Kran

Vierachsige Zugmaschine mit Dumperladung

Dumpertransporte gehören zu den häufigeren Aufträgen, die Spiegl Transporte ausführt

Einsatz mit einem Semi-Auflieger beim Transport eines Volvo Kettenbaggers

Bahntransport einmal anders. Der Weg hatte allerdings keine Brücke

Eine Iveco-Dreiachs-Zugmaschine mit Telesattel und Förderbandladung

Der Iveco-Euro Trakker 8x8 auf Schotterpiste beim Einsatz im Hochgebirge

Erster Einsatz der Sivi-Sattelzugmaschine mit Ladepritsche. Transport eines Seils für einen Skilift auf dem Pitztaler Gletscher

Das Seil ist zu einem Drittel auf dem Ladekran-Lkw und zu zwei Drittel auf dem Sivi geladen. Durch Abschleppstange und Seilaufhängung sind die Fahrzeuge miteinander verbunden

Hier ist die ganze Kraft der neuen 8x6 Zugmaschine nötig. Auf dem losen Untergrund sind die Steigungen nur mit Ketten zu bewältigen

Der in Österreich derzeit größte Fassi-Kran F 1950

Spiegl besitzt drei dieser Liebherr-Mobilbaukrane, zwei MK 80 und einen MK 110

Anlässlich des 50-jährigen Firmenjubiläums zeigen sich die Fahrzeuge parademäßig aufgereiht

Einer der Liebherr-Mobilbaukrane, die wie Turmdrehkrane ausgelegt sind, in aufgebautem Zustand. Der Liebherr MK 110 verfügt über eine max. Hakenhöhe von 33 m, die max. Tragfähigkeit beträgt 8.000 kg

Wolfgang Weinbach

Ostermann Propeller

Schiffschrauben-Schwertransporte in Köln

In Köln und Umgebung steht der Name Ostermann für Tradition und rheinisches Kulturgut. Kölns größter Heimatdichter Willi Ostermann (1876–1936) ist als Komponist, Texter und nicht zuletzt als Interpret für unzählige kölsche Karnevalslieder zu nennen. Seine unvergessenen Beschreibungen kölscher Lebensart sind auch heutzutage nicht aus der „fünften Jahreszeit" (Karneval) wegzudenken.

Der Name Ostermann ist allerdings auch als Industriegut von hoher Qualität auf allen Weltmeeren wohlbekannt. Um es etwas zu präzisieren, der Name Ostermann ist bezeihungsweise war zumindest bei den Schiffsbauern und auf den weltgrößten Werften ein Begriff für Qualität „Made in Colonia". Es handelte sich hierbei um ein über Jahrzehnte in Köln beheimatetes Metallwerk gleichen Namens, welches sich schon zu Beginn des 20. Jahrhunderts auf die Anfertigung von Schiffspropellern spezialisiert hatte. Die Dimensionen dieser Antriebseinheiten reichten in den 1990er Jahren bis zu den größten bis dato benötigten Durchmessern. So beschrieb sich das tief im Binnenland fertigende Familienunternehmen rund 100 Jahre nach Firmengründung (1890) als Deutschlands führenden Hersteller von Schiffspropellern (bis 9,7 m Durchmesser, 65 t Gewicht). Kurz nach diesem runden Firmenjubiläum kam es jedoch im Sommer des Jahres 1992 aufgrund Zahlungsunfähigkeit zur Konkursantragsstellung beim Kölner Amtsgericht. Eine lange Propeller-Historie hatte somit ihr unrühmliches Ende gefunden.

Die angesprochenen „Riesenschrauben" und die seit 1982 gefertigten „Leiträder", auf die noch näher eingegangen werden soll, machten dabei zuletzt eine wohl geplante und mit großem Aufwand betriebene Versendung zum Kunden, sprich Schiffswerft, erfor-

Die Firmengründer Ostermann und Flüs vor einem schon recht imposanten 3 m-Propeller um die Jahrhundertwende

(Quelle: Rheinisch-Westfälisches Wirtschaftsarchiv zu Köln/RWWA)

Vierblatt-Propeller, um 1900 frisch aus der Gussform gehoben, die aus speziellem Quarzsand geformt wurde

(Quelle: RWWA)

Ostermann und Flüs vor einem weiteren Propeller für einen großen Überseedampfer (Quelle: RWWA)

Die Ostermann-Flüs-Propeller nahmen immer größere Formen an (Quelle: RWWA)

derlich. Diese Sonder- bzw. Schwertransporte konnten nur von speziellen Speditionen durchgeführt werden. Wie gut, dass es da einen entsprechenden Schwerlastspediteur auf der „schäl Sick“ (hochdeutsch: schäle/blinde Seite) im rechtsrheinischen Kölner Stadtteil Deutz gab. Und so war man bei BAUM-Köln als bundesweit bekanntem Transportspezialist nahezu wöchentlich mit seinem Fahrzeugequipment bei Ostermann zugegen um die schwergewichtigen Gussteile zur weiteren Seeverschiffung gen Nordseeküste abzuholen.

Angefangen hat die hundertjährige Ostermann-Geschichte dabei einstmals in viel kleineren Dimensionen.

Den aus Iserlohn stammenden Heinrich Ostermann sen. (1838–1913) hatte es gegen Ende des 19. Jahrhunderts mitsamt Familie nach Köln verschlagen. Zusammen mit dem Kaufmann Wilhelm Flüs gründete er am 15. Juli 1890 die Firma Ostermann & Flüs im linksrheinischen Köln-Riehl. Zwei Jahre später erfolgte der handelsregisterliche Eintrag der inzwischen erfolgreichen Metallgießerei als offene Handelsgesellschaft mit den oben genannten Firmengründern. Als Prokuristen fungierte Rudolf Flüs sowie der 1866 geborene Gustav Ostermann als Vertreter der zweiten Ostermann-Generation. Dieser übernahm im April 1907 die Firma als Einzelunternehmen. In der Folgezeit sollten unterschiedliche Firmenformen unter dem Namen Ostermann bzw. Ostermann & Flüs gegründet werden, die jedoch allesamt von Familienangehörigen der Ostermann`s geführt und letztendlich zusammengefügt werden sollten.

Binnen kurzer Zeit entwickelte sich der Kölner Metallbetrieb zu einer hierzulande bedeutenden Gießerei, die für die Maschinenindustrie, Hüttenwerke sowie Walzwerke in Nah und Fern Gussteile aller Art herstellte. Zudem fertigte man für das nahe gelegene Reichsbahn-Ausbesserungswerk in Köln-Nippes Lagerschalen für das rollende Material. Der Festschrift zum 75-jährigen Bestehen im Jahre 1965 ist überdies zu entnehmen, dass man als erste Firma in Europa Schleuderguss bis zu größten Abmessungen produzierte. Auch hatte man sich bereits nach wenigen Jahren mit der Herstellung von Speziallegierungen und Schmiedeteilen aus Spezialbronzen einen guten Namen erarbeitet.

Unweit vom Rhein gelegen, hatte man zudem schon kurz nach der Jahrhundertwende die Schiffbauindustrie für sich entdeckt und fertigte zunächst für die vor den Werkstoren dampfende Binnenschifffahrt Schrauben, Wellen und Steven. Als besondere Leistung ist hier die Fertigung zweier gewaltiger Schiffssteven für die italienischen Kriegsschiffe „Colombo“ und „Elba“ zu erwähnen. Die beiden Schwergewichte von 30 bzw. 50 t Gewicht wurden dabei aus seewasserbeständiger Phosphorbronze gegossen. Für die bislang aus Gusseisen gefertigten Schiffspropeller hatte man bei Ostermann im Übrigen eine vollkommen neue Metall-Legierung, die sogenannte „Diamantbronze“ entwickelt. Die so veredelten Propeller zersprangen nicht direkt bei etwaiger Grundberührung während Niedrigwasser.

Der 1894 geborene Kurt Ostermann aus der nunmehr dritten Generation trat bereits 1914 nach Studien in England und Kanada in das Firmenkonsortium ein. Im Kriegsjahr 1915 übernahm der gelernte Former- und Gießermeister Gustav Ostermann überdies die Aktien der Mendener Drahtwerke und eröffnete dort die Firma Ostermann & Flüs, Abteilung Drahtzieherei, als Zweigniederlassung des Kölner Stammwerks.

Im Jahre 1922 änderte sich diese Firmenaufstellung in Ostermann & Flüs Aktiengesellschaft mit der genannten Zweigstelle in Menden. Das nach wie vor bestehende Einzelunternehmen Gustav Ostermann ging nachfolgend in besagter AG auf.

Gegen Ende 1923 wurde am Kölner Stammsitz ein Elektro-Rollofen, System Rheinmetall / Düsseldorf, in Betrieb genommen. Mit diesem modernen Ofen war man jetzt in der Lage besonders reine Legierungen zu erzielen. Für das gleiche Jahr ist für das Mendener Werk die Aufnahme von Küchenherden in das Fertigungsprogramm festzuhalten.

Mit der Ende der 1920er Jahre aufkommenden Weltwirtschaftskrise glitt auch die Firma Ostermann & Flüs AG vorübergehend in schwieriges Gewässer, meisterte jedoch diese kritische Zeit aufgrund der breitgefächerten Aufstellung ihres Fertigungsprogramms relativ unbeschadet. Die im Jahre 1928 in Essen handelsgerichtlich eingetragene Firma Ostermann & Co, Maschinen und Werkzeuge, wurde bereits im darauf folgenden Jahr nach Köln verlegt und in das dortige Handelsregister eingetragen.

Zu Beginn der 30er Jahre verschlechterte sich allerdings die Lage der gesamten Metallindustrie derart, dass das Werk der Ostermann & Flüs in Köln-Riehl im Jahre 1931 vorübergehend stillgelegt wurde. Lediglich in Menden war man nach wie vor seitens Ostermann aktiv bzw. produktiv.

Im Jahre 1933 übernahmen die beiden Brüder Kurt und Hans Ostermann das Kölner Werk von ihrem Vater Gustav und führten das Unternehmen nunmehr in der dritten Generation fort. Der 1898 geborene Hans Ostermann hatte bereits nach seinem Studium auf der Technischen Hochschule im Jahre 1923 eine leitende Stelle im Betrieb bekleidet.

Die Brüder konzentrierten die langsam wieder aufblühende Produktion in den fortschreitenden 1930er Jahren auf Schiffspropeller, Wellenanlagen, Legierungen, Schmiedeteile sowie den vielseitigen

Ein schwerer Brocken

Durch die Straßen Kalks wurde am Mittwoch eine in Riehl bei der Firma Ostermann & Flüs AG hergestellte Schiffsschraube gefahren, die für einen italienischen Dampfer bestimmt ist. Der Durchmesser des aus Bronze hergestellten schweren Brockens beträgt 5,40 Meter, das Gewicht 9 Tonnen.

Mitte der 1920er Jahre reichte noch ein zweiachsiger Hänger mit vorgespanntem Traktor um die 9 t schwere Schiffsschraube (5,4 m Durchmesser) auf die Reise zum Kunden zu schicken (Quelle: RWWA)

In den 1970er Jahren stiegen die Schraubendimensionen in Durchmesser und Gewicht beständig an. Beim Kölner Schwerlastspezialisten Baum kam die 450 PS-Faun-Zugmaschine mit den angehängten Scheuerle-Rollern des Öfteren vorbei (Foto: BAUM)

Nach der Verladung mittels Hallenkran musste unmittelbar an der Hallenfront um die Fertigungsstätte rangiert werden um das Ostermann-Gelände verlassen zu können (Foto: BAUM)

Die Großpropeller wurden auf einem kippbaren Rahmen verschraubt, der mittels Hartholzblöcken unterbaut war. Die Schrägstellung blieb während des gesamten Transports unverändert (Foto: BAUM)

Zwischen der Bearbeitungshalle und einer Unzahl von auf Vorrat gefertigten Kleinpropellern für die Binnenschiffart suchte man sich seinen Weg zur Werksausfahrt an der „Lichtstraße". Bei diesen Dimensionen musste man erst einmal einen geeigneten Weg zur weiteren Verladung in einem der Kölner Rhein-Häfen finden (Foto: BAUM)

Kundenguss. Neueste physikalische und chemische Forschungsergebnisse sowie hydrodynamische Erkenntnisse flossen dabei ständig in die Fertigung ein. Der Ausbau wie auch die Rationalisierung der Produktion sind nachfolgend festzuhalten.

Im Jahre 1938 erfolgte schließlich aus Platzgründen der Umzug des stetig wachsenden Unternehmens innerhalb der Kölner Stadtgrenzen vom Stadtteil Riehl nach Ehrenfeld, „Grüner Weg“.

Nach Beginn des zweiten Weltkrieges im Jahre 1939 hatte man in der Folgezeit zunehmend mit alliierten Bombardierungen zu tun. Entsprechende Produktionsunterbrechungen, bedingt durch Bombenschäden, führten schließlich 1941 zur teilweisen Verlagerung der Fertigung gen Osten nach Gartz an der Oder. Hier fertigte man unter Anderem Propeller für Schnell- und Minensuchboote der Kriegsmarine. Das dort vollkommen neu errichtete Werk samt umfangreichem Maschinenpark ging jedoch mit dem Einmarsch der Sowjetarmee und dem Kriegsende komplett verloren. Bereits im April 1943 war Gustav Ostermann verstorben.

Der in Köln-Ehrenfeld ansässige Stammbetrieb blieb nach weiteren starken Bombenschäden im Mai 1944 auch vor der nachfolgenden Demontage durch die Siegermächte nicht verschont. In den späten 1940er Jahren startete man die Fertigung deshalb zunächst mit Kleinteilen für den „Hausgebrauch“. Überlebenswichtige Kleingeräte wie Waffeleisen oder Lampenständer prägten vorerst das Sortiment.

Der Krieg hatte allerdings auch einen Neuanfang für das Unternehmen ermöglicht. So konnte im Jahre 1952 nach dem Ankauf benachbarter Grundstücke an der „Lichtstraße“ mit dem Bau neuer moderner Hallen begonnen werden.

Durch die stetig wachsende Motorisierung der Rheinschifffahrt – Schleppverbände kamen zusehends aus der Mode – stieg die Nachfrage nach den bewährten Ostermann-Propellern merklich an. Neue Öfen für den Propeller-Guss ermöglichten zu Beginn der 1950er Jahre Stückgewichte von inzwischen 20 t. Solche Kapazitäten waren jedoch für die Rheinschifffahrt (2,2 m Durchmesser) oder die damals üblichen 5000-Tonnen-Hochsee-Frachter (4,7 m Durchmesser) noch nicht gefragt. Einem Zeitungsbericht von 1952 ist zu entnehmen, dass die bis dato größten Propeller aus dem Hause Ostermann (130 Mitarbeiter) einen Durchmesser von 5 m (10 t Fertig-Gewicht) hatten. „Noch größere können zur Zeit nicht fabriziert werden, weil dann der Transport von Ehrenfeld zum Hafen zu große Schwierigkeiten bereiten würde.“ Entsprechende Groß-Propeller transportierte man seinerzeit noch auf massiven Holzblöcken schräg liegend sowie gut verzurrt mittels Tieflade-Anhänger. Die eingangs erwähnte Firma BAUM-Köln hatte entsprechende Transporteinheiten in

Die zu Beginn der 1960er Jahren innerhalb von 3 Wochen aus Stahlbeton-Fertigteilen (IMBAU) errichtete dreischiffige neue Gießhalle. Die einst moderne Halle mit ihren integrierten Kranbahnen bis 60 t Gesamtlast ließen zuletzt keine schwereren Schraubengewichte mehr zu. Eine nachträgliche Kranbahnverstärkung war nicht möglich. Der inmitten eines gemischten Wohn- und Gewerbegebiets liegende Ostermann-Betrieb in Köln-Ehrenfeld hatte bis zuletzt überschaubare Ausmaße. Ursprünglich am „Grüner Weg“ gelegen (gelbes Verwaltungsgebäude), dehnte man sich kurz nach dem Krieg bis an die oberhalb der Gießereihalle gelegene Lichtstraße aus

(Quelle: RWWA)

Anpassung von Aufsatzlagerung und heranschwebendem Leitrad, einer Erfindung des Hamburger Schiffbauprofessors Otto Grim. Ostermann hatte sich das weltweite Patent für die Leitrad-Konstruktion gesichert
(Quelle: RWWA)

Propeller und frei drehendes Leitrad wurden durch das Aufsatzlager miteinander verbunden. Besagte Lager führten in den 1980er Jahren aufgrund eines Konstruktionsmangels zum Verlust einiger Leiträder
(Quelle: RWWA)

Dieses rund 20 t schwere Leitrad konnte auch aufgrund seines „kleinen" Durchmessers von annähernd 6 m noch mit einem leichten Plateauanhänger von BAUM transportiert werden. Der Transportrahmen war einseitig gelenkig gelagert und wurde nach Bedarf für die Schrägstellung während des Transports mit Holzblöcken unterbaut
(Quelle: RWWA)

Propeller und Leitrad (im Vordergrund) in der Schleiferei

(Quelle: RWWA)

Sechsblatt-Propeller vor rheinischer Kulisse der tief im Binnenland gelegenen Geburtsstätte solch imposanter Vortriebskomponenten

(Quelle: RWWA)

Einsatzpremiere einer eigens für den Kölner Propeller-Hersteller entwickelten Transporthalterung in einer lauen Sommernacht Ende Juli 1985

Auf den bewährten Scheuerle-Rollern der Firma BAUM-KÖLN kam die hydraulisch betätigte Kippvorrichtung beim Transport dieses riesigen Leitrads erstmalig zum Einsatz

Mit dem auffälligen Maschinenbauteil der Firma VOCK konnte die schwere Last hydraulisch ausgerichtet werden. So waren Transporthöhe bzw. -breite je nach „Straßenlage" verstellbar. Zudem konnten die Propeller bzw. Leiträder mit ihren Flügeln um etwaige Hindernisse wie Laternen oder Ampelmasten bei angepasster Fahrgeschwindigkeit „herumgedreht" werden

ihrem Fuhrpark. Später konstruierte man bei BAUM einen kippbaren Rahmen, mit dem die Propeller verschraubt wurden. So konnte man die Transportbreite merklich verkleinern, wenngleich man in der Höhe unweigerlich über sich hinaus wuchs. Dem zu transportierenden Schraubendurchmesser waren somit gewisse Höhenbegrenzungen gesetzt.

Im Jahre 1962 investierte man bei Ostermann in eine neue Fertigungshalle aus Beton-Fertigteilen. Die dortigen Krankapazitäten hatte man gleich auf beachtliche 60 t Gesamttragfähigkeit ausgelegt, womit man sich für die kommenden Jahrzehnte gerüstet sah. Nun war man auch in der Lage Schiffspropeller für Hochseeschiffe jeder Tonnageklasse zu fertigen.

Und so goss man in Ehrenfeld bereits im Jahre 1963 den gewaltigen 6 m-Propeller des ersten deutschen Atomfrachters, der „Otto Hahn", aus immerhin 25 t Spezial-Bronze.

Nach dem Konkurs des in Hamburg fertigenden Konkurrenten Theodor Zeise im Jahre 1979 wurde die Firma Ostermann zum größten deutschen Propellerhersteller.

Mit seinem Trommelofen (30 t) sowie den beiden Elektroöfen (30 t und 45 t) waren rein theoretisch Gießgewichte von annähernd 100 t möglich. Einzig die schon beschriebene Kranbahn der Stahlbetonhalle schränkte den Guss solcher Mammut-Schrauben auf besagte 60 t Gesamtgewicht ein. Eine bereits aus den 1960er Jahren stammende Erfindung des Hamburger Schiffbau-Professors Otto Grim (1911–1994) brachte etwa zu Beginn der 1980er Jahre ein innovatives neues Produkt nach Köln. Die Ostermann Metallwerke GmbH & Co, so die inzwischen neue Firmierung, hatte sich die Patentrechte dieses sogenannten „Grim`schen Leitrads" gesichert und kontrollierte nachfolgend die weltweiten Rechte einiger weniger Lizenznehmer. Das deutsche Forschungsschiff „Gauss" erhielt als erstes Schiff im Jahre 1980 ein solches Leitrad. Nach mehrjährigen Tests war das Produkt 1983 serienreif und wurde nachfolgend bei zahlreichen Handelsschiffen zum Einbau gebracht.

Beim Grim`schen Leitrad handelt es sich um eine Art Turbo-Prop-Gerät, welches man auch beim Flug-

Bereits nahezu waagerecht ausgerichtet, dauerte es nicht mehr lange, bis man bei entsprechend breiter Fahrbahn die Fahrt zum linksrheinischen Hafen Köln-Niehl aufnehmen konnte. Die Betonklötze hatte man vor und hinter der eigentlichen Last platziert um dem Gespann bei gekippter Last genügend Standsicherheit zu bringen

Auch die acht Scheuerle-Achsen waren mit den rund 44 t Gesamtlast nicht wirklich gefordert

Vollkommen entspannt nahm das Transportteam das letzte Hindernis vor dem Hafen in Angriff

Eine Zubringerbrücke der Hafenbahn musste noch unterfahren werden

zeugbau kennt. Das Leitrad rotiert dabei frei, angeregt lediglich durch den Propeller-Nachstrom der eigentlichen Schiffsschraube. Dabei besitzt das Leitrad einen größeren Durchmesser als der Propeller sowie eine größere Anzahl an Flügeln. Der innere Teil des Leitrads arbeitet hierbei als Turbine, die von besagtem Propeller-Nachstrom angeregt wird. Der „äußere“ Leitradteil hingegen, quasi die Leitrad-Flügelspitzen, ist als Propeller ausgebildet und sorgt für zusätzlichen Schub. Das Grimsche Leitrad brachte dabei bis zu 15 Prozent mehr Schub bei gleicher Antriebsleistung oder aber ermöglichte eine entsprechende Leistungseinsparung bei gleicher Geschwindigkeit.

Bis zum Jahre 1987 wurden mit weltweiten Patentrechten insgesamt 50 solcher Leiträder zum Einbau gebracht. Der Patentinhaber Ostermann hatte hierbei einen Fertigungsanteil von 36 Leiträdern. So bekannte Schiffe wie die „Queen Elisabeth 2“ erhielten ein solches Leitrad, diese allerdings aus niederländischer Fertigung eines Patent-Verwerters. Das größte derartige Leitrad wurde allerdings im Jahre 1985 für einen 200.000-tdw-OBO-Carrier von Ostermann selbst gegossen. Bei einem Durchmesser von 9,7 m brachte es das neunflügelige Turbo-Prop-Bauteil auf ein Einbau-Gewicht von immerhin 31 t.

Die Erfindung blieb aber nicht von Rückschlägen verschont. So führte das Versagen der üblichen Wellenlagerung zum Totalverlust von einer Hand voll Leiträdern, welche nunmehr irgendwo auf dem Meeresgrund liegen. Nicht zuletzt der Leitrad-Verlust der

Unmittelbar hinter der Brückenpassage erfolgte noch einmal ein technischer Halt. Das Leitrad musste ein letztes Mal geneigt werden, um das schmale Hafentor ohne Schrammen passieren zu können. Aber für solche Transporthindernisse hatte man sich ja schließlich die Vorrichtung angeschafft

Im Hafen wurde das Gespann mit dem imposanten Schwergut bis zur Verladung abgeparkt

„QE2“ im Jahre 1987 hatte eine aufwendige und kostenintensive Überarbeitung der Lagerung zur Folge. Die Firma Ostermann hatte hierbei „garantiebedingt“ für kostenlosen Ersatz zu sorgen!

Um besagte unhandlichen Großpropeller sowie Leiträder überhaupt noch aus dem Herzen Kölns zu den an der Küste liegenden Schiffswerften transportieren zu können hatte man im Jahre 1985 in eine spezielle Transporthalterung investiert. Die Firma Vock Maschinenbau konstruierte und baute eine hydraulisch neigbare Transportvorrichtung, die zudem das Drehen der Propeller/Leiträder, beispielsweise um Hindernisse wie Laternenmasten ermöglichte.

Dieses äußerst stabile Maschinenteil, welches mit den seinerzeit schwersten Propellern von 60 t Gewicht spielend fertig wurde, montierte man beim Kölner „Hausspediteur“ BAUM entsprechend kippsicher verschraubt auf geeignete Schwerlastroller der Fabrikate Scheuerle und später Goldhofer. Durch Horizontalstellung der Propeller war man damit – bei dann natürlich maximaler Transportbreite – in der Lage, die üblichen Straßenbrücken zu unterfahren.

Nach Spitzenauslastungen und einer Belegschaft von bis zu 400 Mitarbeitern in den 1980er Jahren, folgte nach der politischen Wende und der Wiedervereinigung der beiden deutschen Staaten ein bedrohlicher Niedergang der Propellerfertigung.

Neben diverser anderer Hersteller weltweit, der Ostermann-Exportanteil betrug knapp 50 %, bekam man als Hersteller großer Propeller in Deutschland (80 % Anteil) zusätzliche Konkurrenz durch das ehemals ostdeutsche Propellerwerk in Waren, welches zum „Dieselmotorenwerk Rostock“ gehörte. Besagtes Unternehmen wurde trotz Kaufbemühungen der Firma Ostermann von der damaligen Berliner Treuhandanstalt an den Schiffbau- und Technologiekonzern Bremer Vulkan, den größten Kunden der Ostermann Metallwerke, verkauft. Eine von Ostermann angestrebte Übernahme des auszugliedernden Propellerwerks scheiterte.

Sich bereits Ende der 1980er Jahre abzeichnende Auftragsrückgänge, finanziell umfangreiche Leitrad-Ersatzfertigungen sowie kostspielige Umweltauflagen für das inmitten eines Wohngebietes liegende Werk hatten zu einer existenzbedrohlichen Lage geführt. Auch ein kurzfristig hinzugewonnener Schweizer Investor konnte das Ruder nicht mehr herum reißen.

Das erst im Juli 1992 in „Ostermann Schiffsschrauben GmbH“ umfirmierte Kölner Unternehmen ging schließlich nach mehr als 100 Jahren des Bestehens schon gut einen Monat später den schweren Gang zum Amtsgericht zwecks Konkursantragsstellung. Der Schweizer Investor sowie die nur noch 20 % Anteil haltende Familie Ostermann beendeten damit eine lange Jahrzehnte erfolgreiche Firmengeschichte. Für die zuletzt rund 140 Mitarbeiter des Unternehmens, die als Spezialisten eines nicht alltäglichen Fertigungsbetriebes größtenteils über Jahrzehnte dort tätig waren, brachte dies den schmerzlichen Verlust ihres Arbeitsplatzes mit sich.

Abschließend sei noch erwähnt, dass auch der für Ostermann transportierende Familienbetrieb BAUM im Jahre 2003 die Geschäftstätigkeit einstellte (siehe Schwertransport Jahrbuch 2008) und damit leider ein weiteres Kölner Traditionsunternehmen aus dem Handelsregister verschwand.

Die Seeverschiffung erfolgte aufgrund der ungünstigen Transportbreite von 9,7 m bei horizontal ausgerichteter Last bereits ab Rheinhafen in Köln durch die Firma Delhey. Ein 200.000 t-Riese wartete auf den Einbau des „Spritspar-Bauteils“ der Firma Ostermann auf irgendeiner Werft

MAN-Zugmaschine mit abgeflachter typischer BAUM-Pritsche nach getaner Arbeit

MAN 40.440 im Dezember 1988 mit angehängtem Goldhofer-Roller und verladenem 44 t-Propeller kurz vor der Abfahrt in der „Lichtstraße" in Ehrenfeld. Auch die 440 PS-Zugmaschine besaß die gewohnt abgeschrägte Ballastpritsche. Bei Baum führte man sämtliche schweren Transporte ausschließlich im Hängerbetrieb durch. Sattelzuggespanne besaß man nur für die kleinen Aufträge

Die Goldhofer-Achsen hatte man erst kurz zuvor angeschafft

Ausfahrt aus der engen Lichtstraße auf eine etwas breitere Wegstrecke

Die Schwerlastkollegen eines weiteren Kölner Spezialisten mussten von der begleitenden Polizei zur Problembeseitigung hinzugerufen werden und einen ungünstig geparkten Pkw beseitigen

Auf der Aachener Straße angelangt, konnte man Fahrt aufnehmen, um zur nahegelegenen Autobahnauffahrt der A1 zu gelangen. Zwei Fahrspuren der Autobahn voll in Anspruch nehmend, konnten solch schmale Propeller gerade noch auf „direktem“ Weg zur Küste transportiert werden

Fertig zur Abfahrt, werden die letzten Stunden bis in den Abend noch auf dem Ostermann-Gelände verbracht

Kurz vor der abendlichen „Schwerlaststunde" um 22:00 Uhr hatte man das Gespann schon einmal auf die Lichtstraße gezogen

Für die 41 t-Schraube hatte man im Dezember 1989 eine siebenachsige Kombination zusammengestellt

Die MAN 26.361 mit der Baum-typischen Ballastpritsche wurde oft für derartige Propeller-Jobs eingesetzt

Nach Ankunft des „Begleit-Personals“ und Kontrolle der erforderlichen Unterlagen und Genehmigungen stand dem Transportbeginn nichts mehr im Wege

Unmittelbar nach Abfahrt hatte man bereits die erste scharfe Kurve in der Lichtstraße zu meistern

Für die geübten Fahrer waren die Schrauben-Transporte schon zur wöchentlichen Routine geworden

Fast schien es so, als hätte man die Peitschen-Maste ursprünglich für derartige Transporte entwickelt …

Für dieses rund 30 t schwere Leitrad war man mit der DB 3250 nach Ehrenfeld gekommen. Die Ausfahrt vom Ostermann-Gelände war bei dem 8 m-Teil schon etwas knifflig

Aber auch die Kurve in der Lichtstraße kurz nach Fahrtaufnahme verlangte volle Konzentration

Mit dem kleinen Strom aggregat wurde einmal mehr die Kipp-Hydraulik in Gang gesetzt

Diesel für 103 Pfennige und Super-Benzin für „Einsfünfzig“, Deutschmark wohlgemerkt. Die Benzinpreise haben sich seitdem nicht sonderlich geändert, die Währung und der Wert dagegen schon

Ein 43 t-Propeller wird in die waagerechte Transportlage versetzt, diesmal wieder auf acht Goldhofer-Achsen

Eine Engstelle mit Laternenmast und 7,5-Tonner will äußerst behutsam passiert werden. Bei solch einer Passage musste auch schon einmal kurz zurück rangiert werden. Ein zu dicht hinter dem Gespann abgestellter „Streifenwagen“ wurde hierbei vom Baum-Personal glatt übersehen. Die Goldhofer-Kupplung zeigte sich dabei wesentlich widerstandsfähiger als der polizeiliche Kühlergrill. Anschließend musste ein Unfallprotokoll und ein Ersatzfahrzeug angefordert werden. Das Ostermann-Schwergut wurde von einer gemischten Baum-Pieper-Kombination gen Norden geschafft

Auf dem Weg an die Küste abgestellter Leitrad-Transport auf einem Autobahn-Rastplatz (Archiv Weinbach)

Erich Urweider

Destination Texas

Ein Triebzug fährt im Normalfall auf den Schienen aus dem Stadler-Werk in Bussnang. Haben die Triebzüge allerdings eine andere Spurweite als in Westeuropa üblich oder sind die Kupplungen und Antriebselemente nicht Westeuropatauglich, ist der Lastwagen schnell einmal die bessere und günstigere Wahl. So kommt es, dass die Triebzüge für das Denton County in Texas per Tieflader via Weinfelden – Märstetten – Autobahn – Kreuzlingen nach Bremerhaven transportiert werden und dort per Schiff über den grossen Teich fahren, um die Fahrgäste in Amerika mit „Swiss Quality“ zu befördern. Für den Transport, der pro Triebzug aus drei Elementen besteht, wurde die Firma Schwerlastlogistik aus Lenzburg durch die Fracht AG Basel beauftragt. Die Endwagen, die je 18,20 m Länge und eine Breite von 3,29 m aufweisen, wurden von oben per Kran auf die beiden Tieflader verladen. Durch die Gesamtzuglänge von rund 34 m musste über Märstetten auf die Autobahn A7 und so nach Kreuzlingen gefahren werden, da die Ortsdurchfahrten sonst zu eng geworden wären. Da die Firma Schwerlastlogistik nur eine Kombination zum Transport eines solchen Triebwagens hat, wurde auf weitere Fahrzeuge von der Spedition Bender zurückgegriffen, um die insgesamt elf Triebzüge termingerecht in den Überseehafen zu bringen.

Die Denton County Transportation Authority DCTA (Region Dallas, Texas) hat bei Stadler Rail 11 dieselelektrische Gelenktriebwagen GTW 2/6 bestellt. Sie plant die Wiederaufnahme des Bahnbetriebs zwischen dem Zentrum von Denton und dem rund 35 km entfernt liegenden Carrollton. Die Linie beinhaltet fünf Stationen in Denton County und einen Anschluss an die Stadtbahn von Dallas in Carrollton. Die Fahrzeuge verfügen über eine hochwertige Ausstattung. Sie sind mit Klimaanlage, Fahrgastinformationssystem und Videoüberwachung ausgestattet. Der grosszügige Innenraum bietet Platz für Kinderwagen, Rollstühle und Fahrräder. In den hellen Abteilen mit grossen Fenstern stehen pro Zug 104 Sitzplätze und 96 Stehplätze zur Verfügung.

Ein fertig verladener Endwagen des Triebzugs steht bereit, da auf der Straße mit Zwischendolly gefahren werden muss, wendet die Zugmaschine erst und hängt den Auflieger dann wieder an

Die Zugmaschine, ein Scania R560 V8, von Schwerlastogistik ist vorgespannt und der ganze Zug abfahrbereit

Der zweite Endwagen schwebt von oben herab auf den Tieflader

Die Drehgestelle werden in passende Aufnahmen gestellt

Nach der Ladungssicherung wird aus der Verladehalle gefahren

Der Platz zur Ausfahrt ist beengt

Nun steht auch der MB Actros MPII von Bender bereit zur Abfahrt und es geht los

Im Konvoi geht es in Richtung Weinfelden

Auch große Kreuzungen werden ab einer bestimmten Länge zum Hinderniss und so muss ordentlich ausgeholt werden

Dasselbe gilt auch für den nachfolgenden Mercedes

Die in der Schweiz grassierende Kreiselitis lässt grüssen, immerhin kann hier die Abbiegespur falsch herum befahren werden

Bei Märstetten wird der vorläufig letzte Kreisel durchfahren

Weiterfahrt in Richtung Autobahn

Auf der Autobahn A7 wird Richtung Grenze gefahren

Der Actros folgt, und schon bald wird die Schweiz verlassen

Erich Urweider

Radlader im Konvoi

Am 1. Februar 2011 war es soweit, zwei Schwertransporter der Firma Affolter aus Schüpfen holten zwei ältere Radlader in Auenstein bei der Firma Juracement ab. Die beiden Radlader waren bereits vor einiger Zeit durch neuere Maschinen ersetzt worden und gingen nun in den Export. Um sie in den Auhafen bei Basel zu bringen, wurde die Route über den Bözberg vorgegeben. Wie in der Schweiz üblich bedeutete das, dass die beiden Transporte nicht über die Autobahn fahren würden und einige Höhenmeter überwinden müssen. Außerdem waren diverse Kreisverkehre und enge Strassen zu passieren. So war das Begleitteam gefordert, um bei den Verkehrsteilern und Inseln die Tafeln abzuschrauben und nach der Durchfahrt wieder zu montieren. Im Einsatz stand ein MB Actros Titan MPII 4360 V8 8x6/4 für den schwereren Caterpillar 992C. Da bei Schwertransporten 20 Prozent vom Gesamtzuggewicht auf den angetriebenen Rädern lasten müssen, war für das Gewicht von 136 t eine 8x6 Zugmaschine zu verwenden. Als zweites wurde ein MAN TGX 41.680 V8 8x4/4 eingesetzt. Der lud den Caterpillar 992 und erreichte ein Gesamtzuggewicht von 94 t, wodurch die Adhäsionsbestimmungen auch bei diesem Zug erfüllt wurden.

Caterpillar 992 steht ohne Schaufel an der Ladestelle bereit

Der MB Actros Titan MPII 4360 V8 rangiert den Auflieger auf den Ladeplatz

Nach dem Abbolzen des vorderen Teils des Aufliegers fährt auch der Caterpillar 992C heran und wird sofort auf das Tiefbett gestellt

Der Radlader steht auf Kanthölzern und wird später mit der Aufliegerhydraulik angehoben

Nun kann der Vorderteil wieder angebolzt werden um den Radlader auf dem Baggerbett aufzunehmen

Der Actros ist abfahrbereit

Der MAN wendet und rangiert neben den Actros

Auch der Caterpillar 992 wird eingewiesen und auf Holzklötze gestellt um aufgeladen zu werden

Nach dem Anbolzen des Aufliegers und dem Anheben des Radladers können die Sicherungsarbeiten beginnen

Nach dem Sichern der Ladung ist auch der MAN abfahrbereit

Um die Mittagszeit ging es los und als erstes muss durch Veltheim gefahren werden

Kreuzen ist hier schon für zwei normale Personenwagen unmöglich, daher wird mit 4,5 m Breite der ganze verfügbare Platz benötigt

Natürlich ist die Engstelle noch in einer Kurve und das Haus links im Bild hat noch eine hervorstehende Ecke, welche schon manchem normalen Lastwagen zum Verhängnis wurde

Zwei solche Transporte um die Mittagszeit sorgen auch bei den Anwohnern für Aufsehen

Mit „nur“ 4 m Breite hat der Fahrer des MAN etwas mehr Luft um durch die Engstelle zu manövrieren

Dieser Kreisverkehr ist, wie man rechts sieht, für Spezialtransporte gebaut und lässt ein einseitiges Überfahren zu. Hier haben die Verkehrsplaner berücksichtigt, dass eine der Hauptschwerlastrouten über den Bözberg geht

Für den 25 m langen MAN war dieser Kreisverkehr auch gut machbar

In Eiken muss links abgebogen werden. Mit 29,50 m Länge nicht einfach, aber nach Abbau der Verkehrszeigen machbar

Der MAN folgt dem Actros wieder in die nächste Steigung

Im Auhafen wird der Auflieger ganz abgelassen, damit der Radlader abgeladen werden kann

Wieder auf eigenen Rädern: Caterpillar 992C auf demWeg zum Hafenkran

Der MAN muss anschliessend rückwärts aus einer Seitenstrasse rangieren, damit auch der Cat 992 abgeladen werden kann

Der MAN fährt zum Abladen hinter den wieder zusammengeschobenen Actros

Wolfgang Weinbach

Neue Containerbrücke für die Bundesstadt Bonn

Als ein gewisser Malcolm P. McLean (1913-2001) als selbstständiger Fuhrunternehmer in den ausklingenden 1930er Jahren die Idee zur Güterversendung per „Sammelbox" hatte, ahnte niemand, welch revolutionierenden Beitrag der amerikanische Jungunternehmer damit zur Globalisierung der Weltmärkte leisten sollte. Bis zur Umsetzung der „Containerisierung" sollte es allerdings einige Jahre dauern.

Als selbstständiger Lkw-Fahrer hatte er sich damals während langwieriger Verladearbeiten oftmals über das umständliche Entladen, Umverpacken, gegebenenfalls Zwischenlagern und wiederholtes Verladen einzelner Stückgüter oder Gebinde geärgert. Diese wurden in großen Netzen zwischen Schiff und Lastwagen beziehungsweise Eisenbahnwaggon oder Zwischenlager umständlich mit Kranen hin- und hergehievt. Sogenannte „Stauer" auf der maritimen Hafenseite sowie Lagerarbeiter auf der Landseite hatten die Kleinteile anschließend reisefertig zu stapeln oder einzulagern. Warum, so fragte sich der angehende Spediteur McLean, sollte man nicht entsprechende Sammel-Mengen gleich in einem Großbehälter in einem einzigen Ladevorgang verladen können?

So ließ der weitsichtige Kleinunternehmer anfangs noch komplette Sattelauflieger von der Kaianlage auf Schiffe verladen um Stückgüter derart gesammelt zum Zielort zu transportieren. Der nächste Schritt war etliche Jahre später die Trennung des eigentlichen Lkw-Laderaums vom Fahrgestell, was eine weitere Zeitersparnis beim Verladen mit sich brachte. Auf der Suche nach Investoren für die kontinentale Umsetzung der langsam heranreifenden Container-Idee stieß der inzwischen erfolgreiche Logistiker zu Beginn der 1950er Jahre allerdings auf keine allzu risikofreudigen Geldgeber.

Die revolutionäre Idee vielleicht schon im Ansatz erahnend, hatte McLean zudem die Spediteure und

Für das Aufstellen der neuen Container-Brücke war nicht nur reine Hubkraft gefragt. Für das zuvor erforderliche Positionieren des Schwerguts auf der Baustelle reisten auch diverse Goldhofer-Achslinien der Firma Kahl an

Zu den Vorbereitungen zählte die Montage zweier großer Gittermastkrane auf der Wasserseite des Montageplatzes. Noch bevor weitere große Teleskopkrane anreisten, hatte die Firma Breuer & Wasel ihre Liebherr-Raupe vom Typ LR 1600/2 aufzustellen

Anlieferung der benötigten Gittermastteile für die erforderlichen 47,3 m Hauptmastlänge (SSL) des Raupenkrans

Auf der nördlichen Seite der Baustelle kam ein Gittermast-Autokran des belgischen Schwerlastspezialisten Sarens zum Einsatz. Der Terex-Demag-Typ TC 2800 erhielt eine Hauptmastlänge von 48 m

Bei Kahl war man derweil mit dem Zusammenfügen weiterer Schwerlast-Module beschäftigt. Dieses Gefährt vom Typ PST/SL-E verfügte über hydrostatisch angetriebene Achsen (siehe Radnaben) und hatte hierfür ein „Powerpack" mit rund 500 PS montiert

Mit Harthölzern versehen, ist dieses Kahl-Gespann (Nordseite) bereit für das Verfahren der Container-Brücke über lediglich 45 m Strecke. Ansässig ist der Hersteller des riesigen Container-Umschlaggerätes in Speyer

Auch auf der Südseite kamen je eine hydrostatisch angetriebene PST-Einheit (Hintergrund) und eine konventionelle THP-Einheit zum Einsatz. Das der Baustellen-Untergrund nicht ganz eben war, ist an der unterschiedlichen Arbeitsstellung der PST-Achsen zu ersehen

Noch auf den Montage Böcken ruhend, war die 122 m lange Containerbrücke schon recht imposant. In diesem Zustand kam sie auf ein Gewicht von rund 675 t

Fertig mit Transportachsen unterbaut, konnten nunmehr die übrigen Großkrane zum Aufrüsten anrücken

Gewerkschaften nicht unbedingt auf seiner Seite. Da auch die Reedereien von der „Umverpackung“ zunächst nicht angetan waren, schlüpfte McLean 1955 kurzerhand selbst in die Rolle des Schiffseigners, übernahm eine kleine Reederei und gründete nachfolgend die später weltweit bekannte Sea-Land Inc.

Mit dem Umbau eines ehemaligen Tankers, der Ideal X, schuf er dann im April 1956 einen „Container“-Frachter, der die ersten rund 60 Blechboxen noch als Decksladung während der zweiten „Jungfernfahrt“ von Newark nach Houston beförderte. Zunächst nur innerhalb der USA verschickt, gehörte kurz darauf eine ganze Flotte von Container-Frachtern zu seinem stetig wachsenden Unternehmen.

Nach Europa gelangten diese Container (lateinisch: continere = zusammenhalten/enthalten) dann erstmals im Jahre 1966. Die Fairland der Sea-Land-Reederei brachte seinerzeit eine Ladung der gewöhnungsbedürftigen Blechboxen nach Rotterdam und im weiteren Verlauf der Reise die ersten 99 Exemplare in den Bremer Überseehafen. Dort wurden die unhandlichen Kisten zunächst ebenfalls etwas geringschätzig betrachtet. Zudem ergaben sich hierzulande Probleme bei der Verzurrung auf Lastwagen und Eisenbahnwaggon, denn die später standardisierten Verbolzungssysteme gab es noch nicht. Der Bann war jedoch nach kurzer Zeit gebrochen, denn die Vorteile dieser neuen Versandart waren zu überzeugend.

Schwierigkeiten bei der weltweiten Verschickung stellten allerdings noch die recht abweichenden Grenzmaße solcher Ladeeinheiten zwischen den Kontinenten dar. Eine erste Reglementierung brachte dann im Jahre 1968 eine Standardisierung mit der internationalen ISO-Normung.

Mit den gleichzeitig entwickelten Befestigungssystemen waren die Container dann auch sicher auf den verschiedensten Transportfahrzeugen zu befestigen. Die nunmehr mögliche platzsparende Stapelung der konstruktiv angepassten Transportboxen war als ein weiterer unbestrittener Vorteil dieser neuartigen Versendungsart hervorzuheben.

Die Boxen wurden fortan immer weiter verbessert und in verschiedenen Größen und Ausführungen entwickelt. Das Standardmaß war und ist die amerikanische Längenbezeichnung der Kisten als 20 ft- (etwa 6,06 m) bzw. 40 ft-Container (etwa 12,19 m), die auch im „beengten“ Europa ihre Transportzulassungen besitzen. Im Land der unbegrenzten Möglichkeiten sind jedoch inzwischen noch größere Kisten mit 49 ft (foot bzw. plural: feet = Fuß) oder gar 53 ft

Länge im Umlauf. Dabei beschränken sich die Boxen schon lange nicht mehr nur auf den reinen Stückguttransport. Je nach Ladegut kommen Tankcontainer, Silocontainer oder Flachbettcontainer für Schwergut sowie einige weitere Ausführungen zum Einsatz.

Für das 21. Jahrhundert ist anzumerken, dass bereits über 95% des Welthandels über den Container in all seinen Varianten abgewickelt werden. Liniendienste zwischen den Kontinenten gewährleisten seit Jahrzehnten mit speziellen Containerfrachtern den rationellen Warenverkehr. Als Kapazitätskennzeichen dieser gewaltigen „Pötte" wurde TEU (Twenty-Foot-Equivalent Units), also die Anzahl der Stellplätze für die kleinen 20 ft-Container festgelegt. Die Ladekapazitäten dieser bis zu 400 m langen Schiffe liegen heutzutage bei unglaublichen 15.000 TEU!

Nun, nicht ganz so gewaltige Kundschaft hat der Container-Hafen der ehemaligen Bundeshauptstadt Bonn abzufertigen. Im nördlichen Stadtbereich der heutigen Bundesstadt Bonn wurden dabei auf Höhe des Rheinkilometers 658 schon seit vielen Jahren Container mit Hilfe einer sogenannten Containerbrücke am offenen Strom vom Rheinschiff auf die Straße und umgekehrt umgeschlagen. Als Betreiber dieses Umschlagpunktes fungiert dabei die Bonner Hafenbetriebe GmbH Bonn (BHB). Diese wiederum ist ein Joint Venture des privaten Speditionsunternehmens Am Zehnhoff-Söns GmbH, International Logistic Services Bonn sowie der Stadtwerke Bonn GmbH Bonn.

Der Spediteur Am Zehnhoff-Söns beschäftigt dabei am Standort rund 170 Mitarbeiter und sorgt heutzutage mit einer Flotte von über 50 Sattelzugmaschinen sowie über 150 Aufliegern für die stetige Zulieferung der zumeist aus Übersee kommenden Blechboxen zum Empfänger. Heimische (rheinische) Produkte finden dann natürlich auf umgekehrtem Wege gleichfalls zu den Kunden in aller Welt.

Noch zu Zeiten der Weltwirtschaftskrise in Auftrag gegeben, bestätigte der glücklicherweise wieder eingetretene Anstieg an Container-Verladungen die geplante Modernisierung bzw. den Ausbau besagter Hafenanlage und Umschlagfläche. Neben dem Umbau und der Befestigung der Uferanlage zählte dabei die Errichtung einer gewaltigen neuen Containerbrücke zu den auffälligsten Investitionen.

Der AC 500-2 aus Speyer hatte schon über Wochen für die Montage der Bauteil-Komponenten gesorgt. Hier war gerade ein Stellungswechsel mit Teilballast erforderlich

Ein weiterer AC 500-2 reiste aus dem nahen Köln an

Rückwärts wurde der 500-Tonner zu seinem vorbestimmten Aufstellungsort rangiert. Im Hintergrund reckt bereits neben den beiden Gittermastkranen und dem Schirra & Schuch-Gerät ein weiterer Colonia-Kran den Ausleger gen Himmel

Ein weiterer 500-Tonner, diesmal ein LTM 1500 aus Bergheim, traf pünktlich zum Aufrüsten auf der Baustelle ein

Der neue Umschlagskran kann dabei aufgrund seiner Abmessungen (L x B x H = 122 x 30 x 43 m) ohne weiteres als wirtschaftliches Wahrzeichen des nördlichen Bonns bezeichnet werden. Die von der in Speyer beheimateten Firma Tobies Kran- und Förderanlagen gebaute Containerbrücke verfügt dabei über eine Tragfähigkeit von 65 t an den Seilen (48 t am Spreader).

Die Hubhöhe der Krananlage ermöglicht das Handling als „1-über 5-Lösung", sprich, es kann ein Container über 5 bereits gestapelte Boxen hinweg gefördert werden.

Während des Sommers 2010 erfolgte die Anlieferung der bis zu 45 m langen und 50 t schweren Krankomponenten per Binnenschiff vom Hersteller in Speyer nach Bonn. Die eigentliche Containerbrücke wurde hier von der ebenfalls in Speyer beheimateten Firma Schuch mit Hilfe ihres Teleskopkrans Terex-Demag AC 500-2 vormontiert.

Mitte September war es dann soweit, dass weiteres Kran-Equipment anreisen konnte, welches zum endgültigen Aufstellen des Kranportals benötigt wurde. Dabei wurden für den Haupthub der rund 675 t schweren Brücken-Konstruktion insgesamt sechs Großkrane benötigt, auf die noch näher einzugehen ist. Zu besagtem Lastgewicht kamen im Übrigen noch die während des Hubvorgangs zu montierenden vier Kranstützen mit einem Gesamtgewicht von weiteren 76 t hinzu. Die Eigengewichte der jeweiligen Kran-Lasthaken waren nicht mit eingerechnet.

Die Containerbrücke hatte man übrigens auf kompletter Länge auf der Kaianlage montiert. Daraus folgte, dass die 122 m lange Konstruktion vor dem eigentlichen Hub noch rund 45 m, die Kragarmlänge an der Wasserseite eben, Richtung Rhein zu verbringen war. Für diesen zwar kurzen, zudem schnurgeraden Transportweg waren ergänzend die für 675 t Last ausgelegten Transportfahrzeuge erforderlich. Diesen

Aufrüsten des Kölner AC 500-2 auf der Südseite

Part übernahm der Schwertransport-Spezialist Kahl mit insgesamt 34 Goldhofer Schwerlast-Achslinien. Diese wurden zu vier einzelnen Fahrzeugen mit 3 x 8 Achsen und 1 x 10 Achsen zusammen gestellt. Der Zehnachser sowie ein Achtachser bestanden dabei aus nicht angetriebenen Fahrwerken der Typenreihe THP/ST. Zwei der Achtachser wurden aus ebensolchen Komponenten sowie aus den seit 2009 bei Kahl verfügbaren Selbstfahrer-Modulen der Baureihe PST/SL-E kombiniert. Die beiden mittels sogenannter Powerpacks (365 kW/500 PS) selbstangetriebenen Schwerlastmodule mit elektronischer Vielweg-Lenkung machten den Einsatz von zusätzlichen Zugmaschinen für die wenigen Meter Fahrweg überflüssig. Die besagten Kombinationen wurden dann zwei Tage vor dem finalen Hub mit Harthölzern versehen und mittig unter den beiden Brückenträgern platziert.

Währenddessen wurden, beginnend an der Wasserseite, die benötigten Krane aufgebaut. Dort hatte man auch wegen der größeren Lastanteile bzw. der benötigten Ausladung zwei Gittermastkrane vorgesehen. Ein Straßenkran sowie ein Raupenkran übernahmen diese Aufgabe.

Auf der Landseite hatte man beidseitig der Kranbrücke jeweils zwei schwere Teleskop-Autokrane an Traversen zusammen gefasst, die sich die Last dann nahezu gerecht aufteilten. Die Stahlkonstruktion mit der einseitig vorhandenen Schleppkabel-Stromversorgung hatte allerdings an den beiden Lastseiten ein geringfügig abweichendes Gewicht zur Folge. Im Einsatz mit jeweils rund 47 m Auslegerlänge waren während des Hubes im Einzelnen:

Südseite:

Liebherr LR 1600/2, Breuer & Wasel, 600 t Gittermast-Raupenkran mit 140 t Ballast, Lastanteil 172 t (jeweils ohne Stützen)

Liebherr LTM 1400-7.1, Colonia, 400 t Teleskop-Autokran mit 100 t Ballast und Ausleger-Abspannung, Lastanteil 91 t

Terex-Demag AC 500-2, Colonia, 500 t Teleskop-Autokran mit 180 t Ballast und Ausleger-Abspannung, Lastanteil 95 t

Nordseite:

Terex-Demag TC 2800, Sarens, 600 t Gittermast-Autokran mit 100 t Ballast, Lastanteil 170 t

Liebherr LTM 1500-8.1, Breuer & Wasel, 500 t-Tele-

Die Containerbrücke ist bereits Richtung Rhein gereist. Derweil hievt Schirra &Schuch eine der beiden Fahrwerks-Traversen für die bevorstehende Fahrwerks-Komplettierung in Position

Anlieferung von Teilballast für einen weiteren Kölner „Hilfskran“ mit einer seltenen Iveco-Zugmaschine

Bei besagtem Hilfskran handelte es sich um einen Grove GMK 5130-1, der abseits des eigentlichen Geschehens in Stellung gebracht wurde. Davor abgeparkt ein „Baustellen-Kran“ von Tadano Faun vom Typ ATF 65G-4 von Schuch

skop-Autokran mit 105 t Ballast, Lastanteil 84 t
Terex-Demag AC 500-2, Schirra & Schuch, 500 t Teleskop-Autokran mit 180 t Ballast und Ausleger-Abspannung, Lastanteil 84 t

Zur Montage der Kranstützen, Fahrwerkstraversen, Maschinenhaus, und Krankatze war auf dem Montageplatz zudem ein Terex-Demag AC 350 (350 t Teleskop-Autokran) von Colonia unverzichtbar. Weitere „Hilfskrane" bis 160 t Traglast der Betreiber Schuch, Colonia und Breuer & Wasel wurden während der gut einwöchigen Endmontage für diverse Rüstarbeiten eingesetzt. Am Tag vor dem eigentlichen „Aufziehen" wurde die Brückenkonstruktion selbst schon einmal während eines Probehubes bodenfrei gehoben. So waren die genauen Lasten (noch ohne die Stützen) genauer zu ermitteln.

Am darauf folgenden Tag wurde gegen 7:00 Uhr mit dem synchronen Heben des neuen „Handels-Wahrzeichens" der Bundesstadt Bonn begonnen. Bereits nach wenigen Metern musste allerdings eine Pause eingelegt werden. Es galt die beiden festen Stützen der Krananlage zunächst gelenkig anzuschlagen, damit diese beim weiteren Aufziehen in ihre spätere vertikale Lage nachschwenken konnten. Die beiden wasserseitigen Pendelstützen hatte man zuvor bereits unter der Brückenkonstruktion an den Gelenkaufnahmen angeschlagen und provisorisch verzurrt.

Das weitere Aufziehen und die endgültige Montage bzw. Verschraubung der Kranstützen erfolgte im Verlauf der folgenden knapp neun Stunden. Gegen 16:30 Uhr begann man schließlich mit dem Einbringen der Kranfahrwerke an der bereits auf rund 750 t Gewicht angewachsenen Stahlkonstruktion. Diese Aufgabe oblag dem AC 350, der zuvor die Einsatzorte auf dem Gelände mehrmals voll aufballastiert gewechselt hatte und nun inmitten der Baustelle erneut aufgestellt wurde. Jedes der beiden zu montierenden Kranfahrwerke der neuen Container-Brücke (Gesamthöhe 43 m) bestand dabei aus zwei Fahrwerksschwingen und der verbindenden Traverse mit einem Gesamtgewicht von 73 t.

Ebenfalls von dem 350-Tonner wurden schließlich noch das Maschinenhaus (50 t) und die Drehlaufkatze (30 t) montiert. Anderntags erfolgte bereits der Abbau der Großkrane, die umgehend neuen Einsatzorten zugeführt wurden. Nach entsprechenden Restarbeiten an der neuen Container-Brücke erfolgte im Spätherbst 2010 die Inbetriebnahme der gewaltigen Krananlage, die zweifelsfrei zum Wahrzeichen der Hafen-Skyline der Bundesstadt Bonn geworden ist.

Aufrüsten des AC 500-2

Bereits komplett montiert steht hier die LR 1600-2 an der Kaiseite

Gleichfalls auf der Südseite zum Einsatz kam dieser LTM 1400-7.1 im Colonia-Design. Die Auslegerabspannung kam bei einem Lastanteil von 91 t für die Hubaktion (ohne Portal-Stützen) zum Einsatz

Anbringung der Ausleger-Abspannung

GMK 5130-1 bereit zum Einsatz

Vom inzwischen aufgerüsteten Breuer & Wasel 500-Tonner wurde der benachbarte AC 500-2 von Schirra & Schuch mit dem noch fehlenden Rest-Ballast (insgesamt 180 t) und der Ausleger-Abspannung versehen. Dem Ballast-Zulieferer fiel später noch eine wichtige Transport-Aufgabe zu

Nachdem die Containerbrücke ihre endgültige Aufstellposition erreicht hatte und erneut auf Böcken abgestellt war, konnten die Kahl-Achsen abgezogen werden. Dabei zogen die beiden PST-Einheiten die antriebslosen THP-Achsen zum Demontage-Platz

Verladen der aufgetrennten Goldhofer-Achslinien auf die THP-Achsen durch den GMK 5130-1 von Colonia

Alle vier großen Teleskopkrane hatten inzwischen ihre Mast-Abspannung erhalten und waren im Prinzip einsatzbereit. Links im Bild ist die später einzuhebende Kranbrücke zu sehen

Bereits fertig angeschlagen (weiße Hakenflasche), wartet der belgische TC 2800 (600-Tonner) auf den nächsten Einsatztag

Schirra & Schuch komplettiert die beiden Fahrwerksschwingen mit der verbindenden Traverse, um diese anschließend in den „Innenraum“ zu heben

Wegen der weit in den Rhein reichenden Krananlage hatte man vorsorglich Sperrbojen für die Schifffahrt verankert

Nachts hatte es noch in Kübeln geschüttet, doch am „Tag des Hubes“ zeigte sich morgens um 8:00 Uhr keine einzige Wolke am Himmel. Alle Krane waren zugbereit

Nahe des Pylons der Containerkran-Konstruktion wurden die beiden Haken der Gittermastkrane mittels armdicker Stahltrossen angeschlagen

Für die beidseitig jeweils paarweise hebenden Teleskopkrane kam eine speziell angefertigte Traverse zum Einsatz, die die gleichmäßige Lastverteilung gewährleistete

Die Tele-Krane haben die Last sicher im Haken. Die rund 20 t schwere Stütze auf der Südseite ist noch nicht montiert

Der einzige 400-Tonner vor Ort hatte seine Mastabspannung voll ausgefaltet

Die Konstruktion bereits einige Meter angehoben, setzte der AC 350 aus dem Innenraum heraus die wasserseitigen Pendelstützen unter die Brücke

Für Hilfsarbeiten des ATF 65G-4 von Faun wurde die kleinste Lücke ausgenutzt

Das imposante vordere Fahrwerk des auf der Baustelle arbeitenden „Ferrari“. Der Container-Stacker kam zur Freude eines Fernsehteams und diverser Fotografen zum Einsatz

Mit 170 t Oberwagenballast und zusätzlichen 25 t Sockelballast, betrug der Lastanteil der Liebherr-Raupe 172 t, allerdings ohne die im Verlauf des Hubes montierten Stützen

Die V-förmige Feststütze sowie unzählige später zu montierender Geländerteile lagen noch unberührt am Boden

Mit vollem 180 t-Ballast in SSL-Ausführung (seitlicher Super-Lift) kamen beide AC 500-2 zum Tragen. Der Kölner Kran hatte dabei einen Lastanteil von 95 t (ohne Stützen) bei rund 12,5 m Ausladung

Der im Hintergrund arbeitende alte Portalkran sollte nach Inbetriebnahme des neuen Umschlaggerätes überholt und umgesetzt werden. Die komplette Kaikante wurde hierfür umgebaut

Einige Stunden hing die Last so in den Seilen bis die vier Stützen allesamt angesetzt waren

Der Ferrari-Stacker im Einsatz. Auf dem zum Arbeitskorb umgebauten Container-Deck fanden sich bisweilen ein gutes Dutzend Beobachter der Montage-Aktion ein

Unter Zuhilfenahme des 350-Tonners wurde die südliche Kranstütze in Position gehoben

Die sechs Großkrane waren allesamt auf rund 47 m Auslegerlänge aufgerüstet worden

Die im Hintergrund erkennbare schräge Uferkante sollte in den noch folgenden Umbaumonaten des Container-Hafens eine senkrechte Kaikante erhalten

Vorbereitungen zum Anschlagen der südlichen V-Stütze

Der 350-Tonner auf dem Weg zur Nordseite, um die zweite V-Stütze zu montieren

Geballte Hubkraft auf kleinstem Raum. Der AC 350 während der Stützen-Montage

Das Baustellen-Geschehen aus einigen hundert Metern Höhe gesehen. Autorenkollege Stephan Bergerhoff stellte die beeindrukkenden Fotos freundlicherweise zur Verfügung. Während des wagemutigen Gyrokopter-Fluges hielt er die Aktion fest

Übersicht des Bonner-Container-Hafens mit Altgerät (oben) und neuem Umschlaggerät in den Haken der sechs Großkrane

Vor den Kranen auf der Nordseite sind die noch zu montierende Kranbrücke und das Hubwerks-Maschinenhaus (Drehkatze) zu erkennen

Kranbaustelle mit benachbarter Kläranlage der Stadt Bonn

Alle Fotos dieser Doppelseite: Stephan Bergerhoff

Nachdem sämtliche Stützen angebolzt waren, konnte mit dem finalen Hub der Konstruktion begonnen werden. Das zu hebende Gesamtgewicht betrug inzwischen rund 750 t

Fast war die schwergewichtige Last auf ihrer endgültigen Höhe angekommen

Der AC 350 machte sich schon wieder auf den Weg in den Innenraum

Aufstellen des 350-Tonners zum Einheben der wasserseitigen Fahrwerks-Konstruktion

Die Südseite der Umschlagkonstruktion war rund 20 t schwerer als die Nordseite. Dies ergab sich aus der um einige Meter längeren Längsträgerkonstruktion für den „Kabelwagen-Bahnhof" sowie das gefaltete Schleppkabel

Bedrohlich ausschauende Wolken bildeten sich im Verlauf der Montage des Öfteren, zogen jedoch ohne Niederschlag vorbei

Eine imposante Umschlaganlage erhielt der Container-Terminal von Bonn

Verschrauben der festen Portalstützen mit der Brückenkonstruktion in luftiger Höhe von Hubarbeitsbühnen aus

Auch der TC 2800 hatte nur Teilballast aufgelegt (100 t)

Der AC 350 war unter ständigem Ortswechsel auf der Baustelle präsent

Einspuren der Portal-Fahrwerke unmittelbar neben der Kaikante

Transporteinheit mit verladenem Teilballast des AC 500-2

Das 50 t schwere Maschinenhaus wurde nach der Verladung auf dem bekannten Ballast-Transporter (MAN TGX 33.540) der Firma Schuch in Position gefahren

Der LTM 1100 mit gelupfter Achse war beim Abrüsten des belgischen TC 2800 behilflich

Herablassen des Auslegers beim Sarens-Gerät nach erfolgreichem Arbeitseinsatz

Abrüsten der nicht mehr benötigten Großkrane

Ein wenig Überbreite hatte der Maschinenhaus-Transport, der erst am nächsten Tag entladen wurde

LTM 1400-7.1 beim Abrücken von der Baustelle

Von der unruhigen Wetterlage rund um die Großbaustelle in Bonn zeugt dieses Bild

Für die Hübe von Krankatze und Maschinenhaus am darauf folgenden Tag wurde schon einmal der AC 500-2 mit etwas abgespecktem Ballast aber immer noch rund 210 t Gesamtgewicht in Position rangiert

Konstantin Hellstern

Unterwegs mit Bohnet

Im Gegensatz zu den bisherigen Mercedes-Zugmaschinen bei Bohnet hat diese bereits den langen Radstand. Das war aus technischen Gründen notwendig, da die Abgasreinigung mehr Platz zwischen Achse 1 und 2 beansprucht

Unterwegs mit einem Kopfstück einer Schuler-Presse zeigt sich Bohnet mit MAN 41.660, 16 Achslinien von Scheuerle und der Schubmaschine DC 4160 auf einem Parkplatz nahe Lonetal. Die DC 4160 ist zu diesem Zeitpunkt gerade mal 14 Tage alt

Um die Gleisanlagen frei zu halten sind die Stützen des LG 1550 eingezogen und eingeklappt. Zur Verladung müssen die Stützen ausgefahren werden

Der LG 1550 von Wiesbauer, mit der Ausrüstung SL, Mastlänge 35 m, bestehend aus S-Anlenkstück mit 12 m, S-Mastschuss mit 14 m, SL-Reduzierstück mit 2 m, L-Adapter mit 6,5 m und L-Kopfstück mit 0,5 m und 160 t Ballast hebt der Kran das Kopfstück der Presse vom Schwerlastroller ins bereitstehende Schiff am Schwerlastkai in Heilbronn

Der Transportzug von Bohnet muß noch umgesetzt werden, dann kann mit der Verladung begonnen werden

Während der LG 1550 das Kopfstück im Schiff plaziert setzt Bohnet den vorort gelagerten Stößel, passend zu dem eben verladenen Kopfstück, zum Kran um

Hier sieht man noch die sogenannten Elefantenfüße, auf denen der Stößel steht. Zum Unterfahren des Stößels werden die Achslinen komplett über die Hydraulik der Achslinien abgelassen

Anschließend wird der Stößel über die Hydraulik angehoben, bis man zwischen den Elefantenfüßen heraus fahren kann, am rechten Bildrand ist der Elefantenfuß noch zu sehen

Im April 2008 konnte die noch recht neue Mercedes-Zugmaschine 4160, Kennzeichen BC-PB 99, beim Transport einer Stahlbrücke fotografiert werden

Zum Einsatz kommt die Zugmaschine mit Ballastpritsche, da das Ladegut auf einer Anhänger-Kombination transportiert wurde

Etappenziel Feldstetten beim Transport einer neuen Stahlbrücke für eine Bahnlinie im Raum Sigmaringen. Bohnet fährt die Stahlbrücke im Anhängerbetrieb auf THP-Goldhofer-Achsen

Vorne 3 Achslinen, eingebautes Bagger- und Tiefbett sowie 9 Achslinen hinten

Im Februar 2010 wurde dieselbe Zugmaschine beim Transport eines Pressenteiles bei Calw fotografiert. Nach dem Passieren eines Kreisverkehrs wurde der Transport neu zusammengestellt, galt es doch eine zehnprozentige Steigung mit mehren engen Kurven zu durchfahren. Dazu wurde die Schubmaschine nach vorne geholt und mittels Zugstange angekoppelt, um die Zugmaschine mit den aufgesattelten 12 Achsen Scheuerle mit Tiefbett den Berg hochzuziehen

Thorge Clever

Ein Rheinschiff für den Moldau-Stausee

Die lange Reise der MS Adalbert Stifter in die Tschechei

Als der erste Anruf eines Kunden einging, ein Schiff mit 7,50 m Transporthöhe durch Österreich in die Tschechei zu transportieren, lag die Vermutung nahe, dass es sich um einen Witzbold handele, der so etwas plane. Normalerweise wird bei überdimensionalen Gütern zunächst die Transportmöglichkeit geprüft und danach werden die Abmessungen bei der Konstruktion angepasst. Aber es sollte ein gebrauchtes Schiff befördert werden, dass noch bei Koblenz im Rhein lag. Eine Demontage war nach eingehender Prüfung technisch unmöglich. Nun war guter Rat gefragt, denn mit 85 t Gewicht und den Maßen 31,50 x 6,00 x 6,50 m ergeben sich Transport-Gesamtabmessungen von 214 t Gewicht und 52,80 m Länge, 6,00 m Breite und gewaltige 7,50 m Höhe.

Somit war schnell klar, dass das Schiff soweit wie möglich auf eigenem Kiel Richtung Osten fahren sollte. Ziel war der Moldau-Stausee bei Lipno nad Vltavou. Ein Blick auf die Karte zeigte, dass die Donau bei Linz der nächstgelegene schiffbare Wasserweg war. Jetzt ging es raus auf die Strecke. Es wurde ein geeigneter Auswasserungsort mit passender Route gesucht und gefunden. Allerdings mussten bei den Dimensionen viele Hindernisse in Kauf genommen werden.

Nach unzähligen Ortsterminen, Prüfungen und Diskussionen mit den Genehmigungsbehörden konnte nach nur zwei Monaten Planungszeit grünes Licht gegeben werden. Der Transporttermin wurde festgelegt. Im April 2012 konnte die aufwändige Reise beginnen: 1. Tag: Verladung in Linz und Fahrt durch die nächtliche Stadt. 2. Tag: Von Linz über Hellmonsödt nach Bad Leonfelden. 3. Tag: Von Bad Leonfelden über den Grenzübergang Guglwald bis Frydava in der Tschechischen Republik. 4. Tag: Entladung und Stapellauf in Frydava.

An einem schmalen Uferweg an der Donau bei Linz-Plesching wird das Schiff mit zwei großen Autokranen aus der Donau gehoben. Den Hafen von Linz konnte man nicht nutzen, denn von dort aus wären zwei Schilderbrücken auf der Donaubrücke der Autobahn A 7 im Weg gewesen. Die Kosten für deren Demontage wären weitaus höher gewesen als die Mehrkosten für größere Krane an diesem Naturufer ohne Steilkai

Bild: www.ufo7.at

Vorsichtig wird das Schiff "MS Marksburg" aus der Donau "gefischt" und mittels Traversengehänge angehoben. Dann wird es punktgenau auf den vorbereiteten Plattformwagen abgesetzt. Dieser besteht aus zwölf Achslinien Scheuerle Intercombi mit Zwischenbett. Jetzt müssen noch die hölzernen Lagersättel dem Rumpf angepasst werden

Über den schmalen Uferweg geht es weiter Richtung Pleschinger Landesstraße. Dieser Weg ist eigentlich der ausgeschilderte Jakobs-Pilgerweg, der hier nun auf 300 m Länge zweckentfremdet wird

Von diesem Uferweg aus ist jetzt ein Hochwasserdamm zu erklimmen. Schon im Vorfeld wurde extra ein kurzer Anhänger mit Hochbett gewählt, damit die Kuppe ohne Aufsetzen überfahren werden kann. Aufgrund des etwas matschigen Untergrundes werden zwei Zugmaschinen eingesetzt. Eine Mercedes-Benz 4160 8x6 Actros SLT Titan und eine MAN TGA 41.660 8x4

Die Rampe ist überwunden. Durch ständigen Achsausgleich und gutes Nivellieren des Achsausgleiches konnte ein Aufsetzen vermieden werden. Weiter geht es über den Hochwasserdamm zur parallel verlaufenden Landesstraße

Abends geht es durch das nächtliche Linz. Auf der Strecke über städtische Straßen sind viele Ampeln und Schilder im Weg. Alles wird fachgerecht von Siemens Signaltechnik abgebaut oder angehoben. Weiter wird eine Straßenbahnlinie gequert. Dazu muss die Oberleitung demontiert werden. Seit dem Abend werden Busse im Schienenersatzverkehr eingesetzt. Morgens um drei Uhr ist die Stadtgrenze erreicht, jetzt geht es bei Tageslicht weiter, bei Dunkelheit ist die enge Strecke nicht befahrbar

Auf geht es zur ersten Tagesetappe von Linz nach Bad Leonfelden. Die gesamte Strecke wird von österreichischen Straßenaufsichtsorganen abgesichert. Sämtliche Streckensperrungen und Verkehrsumleitungen werden von privaten Firmen durchgeführt. In Österreich dürfen diese Fahrzeuge auch mit Blaulicht ausgerüstet sein und haben Sonderrechte, ähnlich denen der Polizei

Es geht direkt stetig bergauf. Von 300 m über N.N. bis auf fast 900 m über N.N. steigt die B 126 nach Hellmonsödt an. Da sind alle Zug- und Schubkräfte der Zugmaschinen gefordert. Zudem müssen enge Serpentinen durchfahren werden

Bild: www.ufo7.at

In der Ortschaft Hellmonsödt wechselt das Schiff nochmals die Fahrtrichtung. Durch geschicktes Manövrieren können alle störenden Ampelausleger umfahren werden. Nach dem Umhängen geht es geradeaus über die Kreuzung in Richtung Ortsmitte

Der Transport ist mittlerweile Gesprächsthema in der gesamten Region. Sogar ein Hubschrauber der Polizei landet, weil sich die Besatzung die Durchfahrt durch eine bevorstehende Haarnadelkurve in der Ortsdurchfahrt anschauen möchte. Es werden bereits Wetten darauf abgeschlossen, dass der Transport hier beendet sei

Nun steht eine 180°-Kehre in der Ortschaft Hellmonsödt an. Durch Bäume ist die Kehre so begrenzt, dass es zunächst hoffnungslos ausschaut. Aber dank der zuvor durchgeführten genauen Vermessungen und guten Nachsteuerns des Hängers tastet man sich Meter für Meter in die Kurve hinein

Aus der Vogelperspektive ist die Situation erst richtig erkennbar. Der Anhänger wurde so kombiniert, dass man das Schiff vorne und hinten mit Überhang verladen konnte. Dieser Überhang kann jetzt hinten über die Schutzplanke ragen

Bild: www.ufo7.at

In der Innenkurve sollte eine Hecke möglichst unberührt bleiben. Deshalb wurde als Zwischenbrücke ein schmales Bett aus Kesselbrückenträgern gewählt. Jetzt kann durch mehrmaliges Gegenlenken und Hin- und Zurückfahren das hintere Fahrwerk Stück für Stück um die Kurve gelenkt werden

Geduldig wird der Schiffsrumpf Zentimeter um Zentimeter durch die Kurve bugsiert. Ein kleiner Straßenbaum, für den vorsorglich im Voraus eine Fällgenehmigung eingeholt worden war, wird noch beseitigt. Dann geht es weiter Bild: www.ufo7.at

Auch das vordere Fahrwerk wird manuell nachgelenkt. Der extreme Lenkeinschlag von über 62° ist hier sehr nützlich

Die anschließende Ortsdurchfahrt ist nach dieser Kurve ein Kinderspiel. Aber die Bevölkerung aus der ganzen Gegend ist auf den Beinen, um den Transport zu beobachten, welcher immer wieder im Radio und im Fernsehen erwähnt wird

Auch diese Passagen sehen aus der Luft plötzlich ganz anders aus. Jede Kurve musste zuvor genau vermessen werden. Laternen und Ampeln wurden demontiert und Halteverbotsschilder wurden aufgestellt

Bild: www.ufo7.at

Eng wird es an diversen Reklameschildern. Doch durch exaktes Rangieren kann die Demontage der Schilder vermieden werden

Auf den Überlandstrecken geht es etwas zügiger voran. Nur im Bereich von Ästen und Kabeln wird die Fahrt verlangsamt. Alle niedrigen Telefonleitungen wurden im Vorfeld demontiert. Die höheren Stromleitungen werden abgeschaltet und von auf dem Schiff mitfahrenden Mitarbeitern des Stromversorgers Linz AG angehoben und über das Steuerhaus getragen

So bahnt man sich den Weg unter unzähligen Leitungen hindurch. Ein minutiöser Fahrplan muss eingehalten werden. Denn jede Abschaltung ist genau terminiert. Entweder sind Ersatzleitungen geschaltet oder die Anwohner mussten vorher über den genauen Zeitpunkt informiert werden

Immer wieder sind Steigungen zu bewältigen. Das bergige Mühlviertel gönnt der Schubmaschine keine Verschnaufpause

Nach einer nächtlichen Pause auf dem Parkplatz des Tenniszentrums von Bad Leonfelden geht es am dritten Tag auf die zweite Tagesetappe. Bei herrlichem Wetter rangiert man auf die Umgehungsstraße, welche zu Anfang wegen zu niedriger Brücken über Wirtschaftswege umgangen werden musste. Nun wartet die Gemeinde Bad Leonfelden gespannt auf den Transport, der noch mitten durch die Stadt fahren muss

Ein besonderes Spektakel entwickelt sich in dieser Gemeinde, da hier das Schiff geweiht werden soll. Aus dem ehemaligen MS Marksburg wurde über Nacht das MS Adalbert Stifter. Der Bürgermeister hat eigens Kindergärten und Schulen schließen lassen und Ausflüge zum Transport organisiert. Am Kreisel in der Ortsmitte erwarten zahlreiche Schüler und andere Neugierige den Transport

In einer Feierstunde mitten auf dem Platz des Kreisverkehrs wird das Schiff umgetauft und geweiht. Dazu sind der örtliche Pastor und eine Blaskapelle erschienen. Alles wird von der überregionalen Presse und dem Fernsehen dokumentiert

Weiter geht es durch die ländliche Idylle des Mühlviertels. Immer wieder müssen Stromleitungen abgeschaltet und mit Allradfahrzeugen angehoben werden, die wegen der Transportbreite in den Wiesen neben der Fahrbahn parken Bild: www.ufo7.at

Mit 30 km/h bewegt sich der Konvoi Richtung tschechische Grenze bei Guglwald. Nur durch niedrige Leitungen und störende Äste wird der Transport etwas gebremst. Aber die gute Bordmannschaft schafft alle Hindernisse schnell aus dem Weg

Es geht über kleine Landstraßen, die oft schmaler sind als das Schiff. In den Dörfern wird es immer wieder eng zwischen den Häusern. Die Fahrt führt zunehmend durch touristische Erholungsgebiete und über enge Gemeindestraßen

An der Staatsgrenze Guglwald verabschieden sich die österreichischen Begleiter, die vereidigten Straßenaufsichtsorgane. Diese haben fast ohne Polizeihilfe den gesamten Transportverlauf in Österreich abgesichert und die Streckenabschnitte gesperrt. Übernommen wird der Transport jetzt von einer tschechischen Polizeieinheit aus Lipno nad Vltavou

Direkt hinter der Staatsgrenze ändert sich das Landschaftsbild. Dichterer Baumbestand mit sehr geringem Lichtraumprofil behindert zunehmend die Fahrt. Viele Äste müssen mit Hilfe von Steigerbesatzungen vor Durchfahrt abgeschnitten werden

Langsam kämpft man sich durch das Waldgebiet Richtung Moldau-Stausee vor. Immer wieder müssen störende Zweige vorher entfernt werden, um Kratzer im Lack und an den Scheiben des Schiffes zu vermeiden. Diese Baumbestände waren auch der Grund dafür, dass das Schiff für den Transport in Planen eingehüllt wurde

Auf den letzten Kilometern entlang des Moldau-Ufers bis nach Frydava sind es zum Glück weiche biegsame Nadelgehölze, die stören. Diese können in Schrittgeschwindigkeit durchfahren werden, da die Äste sich problemlos zur Seite biegen

Zur Entladung hat man sich den Anleger einer PKW-Fähre nach Frymburk ausgesucht. Hier wird eine mobile Schiffshelling ausgelegt, die die Schräge hinab ins Wasser führt. Der Anhänger wird zwischen die seitlichen Rohre rangiert, dann kann das Schiff mittels Anhängerhydraulik auf eine Gleitbahn abgelassen werden

Bild: www.ufo7.at

Die grauen Querträger ruhen auf Teflonlagern. Wenn das Schiff sicher auf diesen Trägern ruht, kann der Anhänger herausgezogen werden. Dann können die Schlitten über die Rohre ins Wasser gleiten

Noch wird das Schiff von der zweiten Zugmaschine mit einem Stahlseil gehalten. Erst wenn alle Querträger sitzen und das Schiff für den Stapellauf präpariert ist, kann auch dieses Seil gekappt werden

Jetzt rutscht das Schiff mit Schwung ins Wasser und schwimmt von selbst auf. Die Querträger wurden zuvor mit langen Stahlseilen gesichert. Jetzt müssen nur noch die Hellingrohre und die Querträger mit einer Zugmaschine über die Rampe aus dem Wasser gezogen werden. Der Transport ist geschafft

Erich Urweider

Ein Radlader zu Weihnachten

Die Firma JuraCement unterhält in Wildegg ein grosses Zementwerk. Der Rohstoff für die Zementproduktion wird im Nachbardorf Auenstein abgebaut. Auenstein und Wildegg werden durch die Aare getrennt und sind über Brücken verbunden. Das Rohmaterial wird mit Sprengungen gelockert und mit einer Caterpillar D11T Raupe gerissen. Danach wird es mit Radladern auf die diversen Muldenkipper verladen und über eine Brecheranlage und Förderbänder ins Zementwerk geführt. Da die Maschinen im Fuhrpark teilweise schon etwas in die Jahre gekommen waren, wurde beschlossen, ein Teil der Radladerflotte zu erneuern. Den Anfang machte ein Caterpillar 992K, der einen Cat 992C ersetzen wird. Die Maschine konnte als Vorführmaschine von Zeppelin gekauft werden und kam auf dem Landweg in die Schweiz.

Da Schneefall in Deutschland den Transport um eine Nacht verzögerte kam der Transport mit dem Lader erst in der Nacht zum 23. Dezember 2009 im Zollhof von Bad Säckingen/Stein an. Von dort aus wurde mit dem Transport das Fricktal herauf gefahren, um anschliessend über den Bözberg nach Auenstein zu gelangen. Wie in der Schweiz üblich, wurden dabei auch enge Ortsdurchfahrten nicht ausgelassen. Trotzdem konnte der Radlader schadlos in Auenstein abgeliefert werden. Den Weihnachtsferien aller Beteiligten stand somit nichts mehr im Weg.

Der MAN TGA 41.660 von RISI wartet im Zollhof von Stein/Bad Säckingen auf die Weiterfahrt

In Stein gilt es zuerst eine scharfe Abbiegung zu nehmen

Da die Kreuzung allerdings großzügig genug dimensioniert wurde, gelingt das Abbiegen ohne größere Probleme

Der Dinokreisverkehr in Frick wird im Gegenverkehr bewältigt. Anschließend wird der Bözberg bezwungen

In Veltheim wird es gleich eng

Die Durchfahrt zwischen den Häusern und die Kurve bieten wenig Platz, trotzdem passt der breite Transport dazwischen durch

Das JuraCement-Team holt den neuen Radlader in Veltheim ab

Die Einfahrt in das Werkgelände verursacht einen kleineren Stau um die Mittagszeit

Nun muss nur noch der Anstieg der Werkseinfahrt überwunden werden und der Transport hat sein Ziel erreicht

Der Abladeplatz ist erreicht und das Transportteam beginnt mit dem Abbolzen des vorderen Aufliegerteils

Der Radlader fährt ab den unterlegten Hölzern und hat nun wieder Boden unter den Rädern

Der Radlader wird in die Werkstatt der Grube gefahren

Nach dem der Auflieger wieder zusammengebaut wurde, kann die Heimfahrt angetreten werden

Weitere Bücher unseres Verlages

Fordern Sie unser Gesamtverzeichnis an mit Büchern über **Autos**, **Motorräder**, **Lastwagen**, **Traktoren**, **Feuerwehrfahrzeuge**, **Baumaschinen** und **Lokomotiven**:

Verlag Podszun Motorbücher GmbH
Elisabethstraße 23-25, 59929 Brilon
Telefon 02961-53213, Fax 02961-9639900
Email info@podszun-verlag.de
www.podszun-verlag.de

Dokumentation der Fahrzeuge und der Unternehmen. Bilder von allen Seiten.

296 Seiten, 980 Abbildungen
28 x 21 cm, fester Einband
Bestellnummer **537** EUR **39,90**

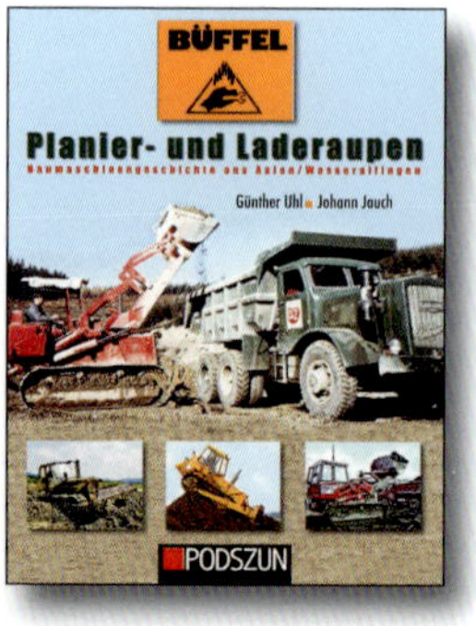

Die Geschichte von Kiener und ihren Büffel-Raupen mit allen jemals gebauten Typen.

180 Seiten, 420 Abbildungen
28 x 21 cm, fester Einband
Bestellnummer **661** EUR **29,90**

Vergangenheit und Gegenwart des größten Kranverleihers und Schwerlastspediteurs am Rhein.

180 Seiten, 460 Abbildungen
28 x 21 cm, fester Einband
Bestellnummer **602** EUR **29,90**

Standardwerk und faszinierender Bildband für alle Liebhaber von Baumaschinen.

170 Seiten, 510 Abbildungen
28 x 21 cm, fester Einband
Bestellnummer **492** EUR **29,90**

Bisher unbekannte, private Fotografien der legendären „Blauen Riesen aus Hamburg".

154 Seiten, 390 Abbildungen
28 x 21 cm, fester Einband
Bestellnummer **559** EUR **24,90**

Dokumentation aller 88 Geräte der einzigartigen und längst legendären Kranfamilie.

180 Seiten, 510 Abbildungen
28 x 21 cm, fester Einband
Bestellnummer **588** EUR **29,90**

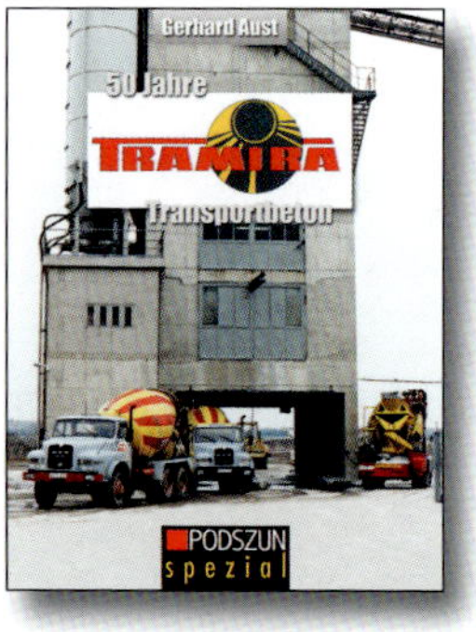

Geschichte des traditionsreichen Unternehmens mit allen Fahrzeugen und der Technik.

144 Seiten, 290 Bilder
24 x 17 cm, Leinenbroschur
Bestellnummer **644** EUR **14,90**

Erstmals alle Borgward Lastwagen und Omnibusse sowie die Sonderaufbauten.

220 Seiten, 550 Abbildungen
28 x 21 cm, fester Einband
Bestellnummer **456** EUR **39,90**

Chronik der Bölling Firmen von 1926 bis in die achtziger Jahre mit allen Fahrzeugen.

160 Seiten, 480 Abbildungen
28 x 21 cm, fester Einband
Bestellnummer **497** EUR **29,90**

Die vielseitig einsetzbaren Krane bei Ihrer Arbeit inklusive Technik und Maßzeichnungen.

168 Seiten, 400 Abbildungen
28 x 21 cm, fester Einband
Bestellnummer **646** EUR **29,90**

Zahlreiche Fotografien und viele andere Dokumente des legendären Krupp Titan.

144 Seiten, 290 Abbildungen
24 x 17 cm, Leinenbroschur
Bestellnummer **616** EUR **14,90**

Prospekte, Datenblätter, Maßzeichnungen, Testberichte und eine Menge unbekannter Fotos.

144 Seiten, 285 Abbildungen
24 x 17 cm, Leinenbroschur
Bestellnummer **647** EUR **14,90**

Spektakuläre Schwertransporte aus den 1980er und 1990er Jahren und die interessantesen Fahrzeuge.

144 Seiten, 270 Abbildungen
24 x 17 cm, Leinenbroschur
Bestellnummer **581** EUR **14,90**

Kurzgefasste Geschichte und spannende Schwertransporte aus den 1980er und 1990er Jahren.

144 Seiten, 285 Abbildungen
24 x 17 cm, Leinenbroschur
Bestellnummer **615** EUR **14,90**

Die atemberaubende Technik der TII-Gruppe, des weltweit führenden Schwerlastspezialisten.

180 Seiten, 550 Abbildungen
28 x 21 cm, fester Einband
Bestellnummer **557** EUR **29,90**

Faszinierende Baumaschinen von Caterpillar im Einsatz rund um den Globus.

288 Seiten, 710 Abbildungen
28 x 21 cm, fester Einband
Bestellnummer **247** EUR **34,90**

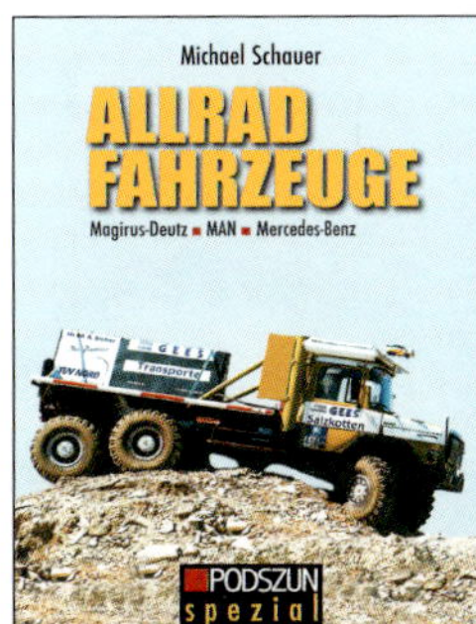

Allradfahrzeuge mit drei oder vier Achsen, die man nicht alle Tage zu sehen bekommt.

144 Seiten, 290 Abbildungen
24 x 17 cm, Leinenbroschur
Bestellnummer **564** EUR **14,90**

Die besten Fotografien aus dem Weinbach-Archiv zeigen mehr als 100 Jahre Gottwald-Historie.

160 Seiten, 490 Abbildungen
28 x 21 cm, fester Einband
Bestellnummer **474** EUR **29,90**

Entwicklung der Ladekranfahrzeuge von der einfachen Hubhilfe bis zum 150 m/to Schwerlastkran.

144 Seiten, 320 Abbildungen
28 x 21 cm, fester Einband
Bestellnummer **642** EUR **24,90**

Geschichte und Technik der Turmdrehkrane und faszinierende Bilder spannender Einsätze.

170 Seiten, 510 Abbildungen
28 x 21 cm, fester Einband
Bestellnummer **560** EUR **29,90**

Der Unimog im Baueinsatz und seine Ausrüstungen von den Anfängen bis heute.

180 Seiten, 470 Abbildungen
28 x 21 cm, fester Einband
Bestellnummer **390** EUR **29,90**

Besondere Einsätze und techn. Highlights der Schwerlastszene der 1980er und 1990er Jahre.

144 Seiten, 290 Abbildungen
28 x 21 cm, fester Einband
Bestellnummer **591** EUR **24,90**

RKM
SCANIA